Bibliothèque Générale de Cinématographie

CONFÉRENCES SUR LA CINÉMATOGRAPHIE
Organisées par le Syndicat
DES AUTEURS ET GENS DE LETTRES

SIXIÈME CONFÉRENCE

La Prise de Vues Cinématographiques

La Décoration
le Costume et le Maquillage

PARIS
COMPTOIR D'ÉDITION DE " CINÉMA REVUE "
118, Rue d'Assas, 118

SIXIÈME CONFÉRENCE

La Prise de Vues Cinématographiques

La Décoration
le Costume et le Maquillage

Par E. KRESS

PARIS
COMPTOIR D'ÉDITION DE " CINÉMA-REVUE "
118, Rue d'Assas, 118

CONFÉRENCES

SUR LA

CINÉMATOGRAPHIE

SIXIÈME CONFÉRENCE

LA PRISE DE VUES CINÉMATOGRAPHIQUES

LA DÉCORATION

Avant d'examiner quelles doivent être les qualités d'un décor au cinématographe, il ne sera pas inutile de jeter un rapide coup d'œil sur l'histoire de la décoration scénique.

Remarquons tout d'abord qu'à l'époque la plus brillante de notre art dramatique, à l'époque où Racine, Corneille et Molière nous donnaient ces admirables chefs-d'œuvre que l'on a qualifiés de classiques, la décoration se caractérisait non seulement par son état de pauvreté mais aussi par un dédain parfait de l'exacte représentation du temps et du lieu de l'action, soit que l'on ait eu horreur de la machinerie, soit que le théâtre voulût se borner à n'être qu'un littéraire divertissement :

un même décor servait à des situations dramatiques bien différentes. Quant aux costumes et aux accessoires ils participaient de la même volonté d'être inexacts. Ce n'est pas que Corneille, Racine et Molière manquaient de connaissances et de renseignements historiques ; mais il leur fallait sacrifier au goût du jour qui leur imposait sur la scène la présence des petits maîtres et marquis et ce n'est pas avec un aussi impertinent encombrement que l'on pouvait songer à réaliser des changements de décors. D'ailleurs l'éclairage à la chandelle eût peu favorisé tout progrès dans l'art de la décoration et, faute d'éléments lumineux, il était préférable de s'abstenir d'une exactitude représentative qui eût coûté très cher et qui eût passé inaperçue.

On comprendra que les anciens, dont les théâtres étaient essentiellement diurnes, aient pu donner plus de soins à la décoration que les poètes dramatiques des XVIe, XVIIe, et XVIIIe siècles. Il est nécessaire d'ailleurs que les auteurs de scénarios, que tenteraient les reconstitutions historiques de l'antiquité, aient des notions précises sur la décoration scénique de ces lointaines époques. De même que les anciens cultivaient trois genres dramatiques (comique, tragique, satirique), de même ils jouaient en trois genres typiques de décors. Les pièces comiques se déroulaient sur une place publique figurée qu'entouraient des maisons absolument semblables à celles des cités ; les pièces tragiques empruntaient des façades de temple ; enfin les pièces satiriques se situaient en des décors rustiques, sylvestres ou champêtres. Dans ces trois genres de décoration on respectait soigneusement la disposition des entrées des acteurs, trois de face, et deux de côté ; l'entrée du milieu était réservée à l'acteur principal, les acteurs secondaires utilisaient les deux autres entrées de face ; quant aux entrées latérales, elles livraient passage à la figuration ; on avait le côté du port et le côté de la campagne. Le bâtiment central, au fond de la scène, simulait un temple ou un palais, les deux bâtiments de côté, une maison et une hôtellerie. Les pièces satiriques comportaient un cintre et c'est de ce cintre que l'on manœuvrait le fameux panier des *Guêpes* d'Aristophane. Vitruve nous a laissé sur le théâtre antique de nombreux et utiles renseignements et Agatarchus, contemporain d'Eschyle (525-452 avant Jésus-Christ), avait même écrit sur la peinture du décor un traité très complet. Quand on voulait changer de décors, on baissait la toile. Les décors étaient constitués par des feuilles tournantes montées sur mât pivotant et par des châssis que l'on pouvait tirer de part et d'autre. Les cinq pivots étaient placés sous les cinq portes de scène dont nous avons parlé.

Les théâtres anciens étaient immenses. Le théâtre d'Orange pouvait contenir 30.000 personnes, celui de Pompée, à Rome, 50.000 ; celui de Lutèce, près de notre rue Monge, 20.000. Les théâtres grecs avaient encore de bien plus vastes proportions. Pour se faire entendre en de pareilles arènes, les acteurs utilisaient des masques de cuir dont les traits étaient très accusés et qui étaient même à double face pour simuler le rire ou le chagrin.

Au point de vue moderne, la paternité de la décoration théâtrale est attribuée aux Italiens Peruzzi et Pozzo (XVIe siècle), mais ce fut l'Anglais Inigo Jones d'Oxford qui vers l'an 1600 importa en France les premiers décors sur toile.

Il nous reste sur les *Mystères* des théâtres de Bourges et de Valenciennes (XVIe siècle) trois manuscrits et un dessin qui nous fixent sur la nature du décor à cette époque. Il était constitué par une toile qui se déroulait sous les yeux du spectateur, d'un côté Jérusalem, de l'autre l'Enfer qui, dans le mystère qui nous occupe, avait pour entrée une énorme gueule de poisson par où disparaissaient les méchants et apparaissaient le diable et ses démons. Nous voyons par là que les ressources d'une machinerie déjà savante étaient mises à profit ainsi que les feux de Bengale. Bien mieux, dans *Les Noces de Cana*, les spectateurs venaient goûter l'eau changée en vin et manger les pains multipliés.

Les *Mystères* étaient joués par des Confréries ayant privilège royal. *Les Moralités de la Basoche* qui eurent la protection de Philippe le Bel et les *Sotties des En-*

fants sans souci des Halles leur firent concurrence par des pièces où la satire confinait à la licence. Les trois troupes finirent par s'entendre et par jouer ensemble au même théâtre de Saint-Maur. Le premier théâtre qui s'ouvrit à Paris le fut sous Charles VII vers l'an 1400, dans l'hôpital de la Trinité, rue Saint-Denis.

Quoi qu'il en soit, pendant longtemps on utilisa les décors des *Mystères* et nous retrouverons cette machinerie à l'Hôtel de Bourgogne de la rue Mauconseil. Ce théâtre nous a été exactement reconstitué dans *Cyrano de Bergerac* de Rostand et on peut dire que c'est du théâtre de l'Hôtel de Bourgogne que date la tradition théâtrale. Laurent Mohelot et Michel Laurent nous ont laissé des documents précieux accompagnés de dessins explicatifs, sur un grand nombre de pièces de l'Époque où débuta Corneille avec *l'Illusion Comique*. Lui-même indiquait qu'il fallait « au milieu du théâtre un palais bien orné, à un côté un autre palais pour un magicien au-dessus d'une montagne ; de l'autre côté un parc ; au premier acte, une nuit, une lune qui marche, des rossignols, un miroir enchanté, une baguette magique, des carcans, des trompettes, des cornets de papier, etc.. ».

Ce fut un Vénitien, Torelli de Fano, qui imagina de faire mouvoir les décors par le jeu de contrepoids sollicités et maintenus par des tambours (1630). Louis XIV l'appela à Paris pour monter la pièce *Finta-Pazza* et de cette époque date la disposition des portants et coulisses qui a persisté jusqu'à nos jours. La maquette en fut reconstituée à l'Exposition de 1889. La caractéristique de cette décoration était le parallélisme absolu, la perspective étant considérée de face. Bandes d'air et coulisses s'abaissaient progressivement du centre au fond. Les châssis et coulisses étaient accrochés à des portants portés sur des chariots roulants dans les dessous. Un treuil unique provoquait un mouvement de va-et-vient lorsqu'on voulait faire un changement. Les portes et les fenêtres n'existaient qu'en peinture, l'entrée et la sortie des acteurs se faisaient par les coulisses. On conçoit que la perspective n'était sensible que pour les spectateurs de face. Bien que ne disposant pas de praticables, la machinerie était experte dans les apparitions. Bérain brossa le décor de l'incendie du palais d'*Armide*. Le même Bérain exécuta la décoration d'*Amphytrion*, d'*Andromède*, de *Circée*, de la *Toison d'or* avec un luxe que nous ne retrouverons pas dans le *Misanthrope* de Molière.

Les progrès de la décoration au théâtre furent du reste entravés par l'exercice du droit de Régie accordé à Lulli qui autorisait ce dernier non seulement à prélever un droit sur les recettes, mais aussi à infliger de très fortes amendes aux directeurs qui enfreignaient les règlements établis pour la mise en scène et le nombre des artistes.

A cette époque on entendait sous le nom de décorations de décence l'imitation picturale naturelle du lieu de l'action ; sous le nom de décorations de pur ornement, un décor simplement agréable à voir.

Voltaire pousse plus loin que Corneille et Racine le souci de la vérité au théâtre. Son livret *d'Olympie* (1764) est accompagné d'indications de mise en scène très minutieuses. Il trouva du reste dans le peintre Brunetti un concours talentueux.

Néanmoins c'est à partir de 1820 que l'on tenta d'introduire dans la décoration théâtrale des modifications les plus profondes. Le marquis de Soudiac proposa de substituer aux frises de « plein air » une sorte de coupole lumineuse éclairant le décor comme si le jour venait d'un ciel véritable. Le baron de Taylor alla plus loin : il remplaça les bandes d'air par un véritable décor panoramique. Cette idée fut suivie à l'Ambigu dans *l'Ogre* et au théâtre libre dans *Nel-Horn*. Nous avons vu qu'au théâtre de Bayreuth, M. Kranick a supprimé la toile uniforme de fond, ou, plus exactement, a modifié cette toile, en projetant sur une toile mobile des effets de nuages. En 1829, le décorateur Ciceri ouvre une voie nouvelle, novatrice avec *Guillaume Tell* et *Robert le Diable;* ses décors devinrent, en 1873, la proie des flammes lors de l'incendie de l'Opéra. Après lui, Cambon devint le spécialiste des décors d'église, Thierry celui des forêts. A côté d'eux nous pouvons citer Gué dans *Pied de Mouton*, Lavastre, Chéret paysagiste et surtout Daguerre.

Je dis surtout Daguerre parce que les travaux du père de la photographie vont précisément nous servir à asseoir notre théorie, nos idées sur les qualités, sur la forme que doivent présenter les décors au théâtre cinématographique. On a déjà compris que je désire retenir particulièrement l'attention sur l'invention du diorama. Le diorama de Daguerre produit en effet sur l'œil, par un simple artifice de peinture, ce que nous donne le système de dissolving en projection fixe. On sait que le dissolving-view correspond à ce que nous appelons en France la vue fondante et qu'il nous permet d'obtenir deux sortes d'effets bien distincts : 1° substitution des vues sans que pour cela l'écran cesse d'être éclairé ; 2° passage harmonieux, insensible en quelque sorte, pour le spectateur, d'un tableau à un autre. C'est ainsi par exemple que l'on peut substituer un paysage d'été à un paysage d'hiver, etc. L'appareil se compose de deux ou trois corps de lanterne et utilise, pour la dégradation de la lumière, une sorte de robinet à tubulures d'une construction spéciale.

L'étymologie seule du mot diorama suffirait à nous fixer sur sa nature en nous indiquant que les tableaux sont vus à travers la toile ou, plus exactement, se complètent grâce à la transparence de la toile par une double disposition de l'éclairage. Le décor est planté verticalement et est peint sur ses deux faces. La face avant est éclairée par réflexion de la lumière sur un écran mobile perpendiculaire, faisant un certain angle avec la toile et en avant d'elle. La face arrière est au contraire éclairée directement par la lumière au moyen d'une fenêtre qui peut, du reste, être graduellement obturée. La manœuvre à exécuter se comprend alors aisément ; si l'écran avant vient à s'élever par un système de charnières en même temps que, peu à peu, se démasque la fenêtre arrière, le tableau arrière se substitue peu à peu, pour le spectateur, au tableau avant. Les trois plus célèbres Dioramas de Daguerre sont : la Messe de Minuit, l'église Saint-Germain-l'Auxerrois, la vallée de Goldau, près Lucerne, lors du terrible éboulement du 2 décembre 1806. La scène de la tempête était vue par transparence et celle de la dévastation finale par réflexion.

Il est inutile que nous insistions très longtemps pour montrer quel parti on peut tirer, en décoration cinématographique, des dispositifs dioramiques, d'autant plus que nous savons déjà qu'une faible différence des milieux traversés par les rayons lumineux suffit à modifier les couleurs et, pour l'objectif photographique, la valeur de ces couleurs. C'est là, en outre, la raison qui nous a guidé lorsque nous avons préconisé au cinématographe l'application d'un système d'éclairage utilisé déjà pour d'autres travaux.

D'ailleurs, en janvier 1904, M. Frey a donné la plus éclatante démonstration des ressources qu'offraient les décors lumineux dans *Rabah*, dans la *Chanson de la Terre* et dans *Hélène*, opéra de Camille Saint-Saëns.

Ce que nous ne devons pas oublier au cinématographe, c'est que l'objectif et la couche sensible photographiques ne voient pas de la même façon que l'œil humain. Sur cette considération, nous allons essayer d'établir un certain nombre de règles dont le décorateur pour cinématographe ne devra pas se départir.

On doit, avant tout, se soucier de l'illusion que nous devons avoir du relief. Nous savons, en effet, que le grave défaut des objectifs très éclairants est de ne pas traduire la perspective, surtout lorsque l'on opère de très près. La loi, au cinématographe, comme en photographie ordinaire, est de *poser pour les ombres.* L'éclairage de côté, en nous fournissant de grandes masses d'ombres, nous conduit aux oppositions violentes et par conséquent nous oblige à poser plus longtemps pour obtenir une épreuve harmonieuse. Si nous opérons en lumière diffuse, il y a très peu d'ombre, par conséquent, peu d'opposition, il nous faudra donc poser moins. De là cette évidente conclusion que pour un portrait sur fond blanc il faudra poser plus que pour un portrait sur fond noir. Au cinématographe, lorsque l'on opère contre un décor qui n'a pas été transformé en diorama, il est essentiel de tenir compte de cette loi fondamentale et de s'en tenir à une teinte de décoration neutre, gris bleutée, sans ombres, accusant des reliefs que la bande ne traduirait que par de la dureté. Comment donnerons-nous, pour l'objectif, de la profondeur à des décors nécessairement réduits ? Tel est le problème que nous allons tenter de résoudre.

Quelques mots, tout d'abord, sur la préparation des toiles. L'encollage est la première préparation à faire subir aux toiles de coton ou métis. La colle de peau doit être plus spécialement employée ; on la diluera dans environ son poids d'eau suivant la nature du tissu à recouvrir. On la fondra à une douce chaleur, en évitant l'ébullition, qui la rendrait trop fluide et grumeleuse. La brosse dont on se servira ne doit pas être trop longue, le manche, au contraire, en sera relativement long. La colle sera maintenue très chaude, l'encollage sera immédiatement copieux et poussé rapidement, longitudinalement, la brosse restant bien perpendiculaire à la toile. On s'abstiendra de mélanger du blanc d'Espagne à la colle. Les raccords se feront à la colle de pâte bien homogène et coupée de moitié de son poids d'eau bouillie. La toile sera mise à sécher dans un endroit très légèrement ventilé, loin du soleil ou d'une surface chauffante. Le fond ainsi obtenu sera bien mat et exempt de reflets. Quant à la tonalité des fonds, on se souviendra que les teintes froides donnent des clichés sans contrastes et que les teintes chaudes donnent des clichés trop clairs. Les Américains ont préconisé l'opposition franche des noirs et des blancs. Il est impossible d'obtenir sur de tels fonds une gradation des gris et surtout, grâce à eux, du relief. Je ne parlerai que pour mémoire des fonds à l'huile, où les couleurs employées sont la céruse ou le sulfate de baryte, le noir de charbon de peuplier, l'ocre jaune et l'ocre rouge. On évitera le noir de fumée qui ne donne jamais mat.

La céruse sera délayée lentement, dans l'essence de térébenthine, pour éviter une sorte de combinaison qui donnerait du brillant, et ce jusqu'à consistance molle. D'autre part, les couleurs bien sèches auront été broyées à l'huile de lin. Les tons sont obtenus par mélange du blanc et du noir et au moment du besoin.

On peut obtenir des fonds très mats, ne jaunissant pas, en se servant d'un mélange de savon noir, d'huile de lin et d'eau préparé à feu doux. Pour l'emploi on substituera le lithopone ou le sulfate de baryte à la céruse. On peut aussi substituer à la colle de peau la colle de pâte, mais il faut la préparer soigneusement en malaxant d'abord une pâte un peu claire, faite de bon froment, qu'on verse ensuite peu à peu dans quantité suffisante d'eau maintenue à l'ébullition.

Quant à la substitution du blanc de Meudon à la céruse elle demande beaucoup d'habileté et de prévision dans le résultat final. A cette colle de pâte seront mélangées une à une les couleurs fondamentales : noir, jaune et rouge. Le fond du décor sera prêt a la peinture lorsque, pour l'huile, il sera parfaitement sec, lorsque, pour la colle, il sera très légèrement humide. Les instruments à employer seront la taupette en soie de porc et la brosse à épousseter. Le dessin aura été reporté au fusain et on peindra en partant du blanc pur pour arriver au grand noir. On veillera à l'aplomb absolu du dessin surtout pour les intérieurs.

Ces quelques détails, sur la technique de la décoration, nous ont un peu éloigné de notre sujet : nous y revenons. Comment donner par le décor l'impression du relief ? Cette impression résultera évidemment d'une sensation factice de volume opposée à une sensation de surface. Lorsque nous plaçons sur un fond noir des rondelles de papier blanc de mêmes dimensions, nous n'avons aucune sensation de relief. Il n'en est plus de même si ces rondelles sont de grandeurs décroissantes ; bien qu'à égale distance les unes des autres la plus petite nous semblera être la plus éloignée. Si maintenant, étant considéré ces trois dernières rondelles, nous les éclairons différemment et que la plus petite soit la plus obscure, la seule gradation des teintes grises nous donnera l'illusion de sphères s'enfonçant d'autant plus dans l'espace qu'elles seront plus petites et plus assombries.

Il ne peut y avoir « relief » ou plus exactement sensation de relief qu'autant que notre œil pourra faire la différence entre des plans de plus ou moins immédiate attention.

Si nous examinons un objet éloigné en plaçant notre doigt près de la figure et entre les deux yeux nous voyons deux doigts ou plutôt un doigt de chaque côté de l'objet éloigné considéré. Si au contraire notre attention se fixe sur le doigt et non sur l'objet éloigné nous ne voyons plus qu'un seul doigt et deux images de l'objet de part et d'autre du doigt. Cette expérience, qui est de Mariotte, a servi de base au petit et curieux appareil de Lake appelé Phantascope. L'impression purement subjective que fait un objet sur notre esprit a plus de durée que l'impression objective, sensorielle, de cet objet sur notre système visuel. Nous pouvons penser à un objet perçu et le voir encore alors qu'il a disparu de notre horizon.

D'autre part on a réalisé, pour la projection en relief, un curieux châssis contenant trois pellicules marchant à des vitesses différentes, la pellicule des lointains étant la plus vite, celle des plans rapprochés la plus lente. Nous aurons donc relief toutes les fois que pour notre œil les plans les plus rapprochés seront les plus immobiles ou tout au moins qu'ils seront, parmi les plans immobiles, ceux qui fixeront par leur tonalité le plus notre attention. C'est ce qui explique le relief saisissant que nous constatons dans tous les films reproduisant l'arrivée d'un train en gare et c'est pour cette raison que j'ai préconisé l'encadrement pour toutes les vues de scènes théâtrales où les plans les plus immobiles sont précisément ceux du fond. Pour rompre légèrement cette immobilité on peut soit utiliser le procédé du diorama, soit le procédé d'éclairage que nous avons signalé à propos du théâtre de Bayreuth. On obtient ainsi une sorte de décalage dans la lumière transmise à l'objectif sans que ce décalage donne à la projection du scintillement. En résumé deux images successives restent toujours pratiquement superposables dans leurs parties immobiles, mais, grâce à l'artifice du décor, ne donnent plus une image mentale et une image sensorielle de même durée, en quelque sorte de même réfringence et il y a « relief ».

Reprenons l'expérience de Mariotte et imaginons que la couche sensible soit impressionnée derrière un réseau spécialement calculé pour cet effet. Nous pourrons ainsi réaliser la stéréophotographie dont les principes ont été émis en 1896 par M. Berthier, utilisés par Mussy, Guilloz et Yves et enfin rendus pratiques par M. Estanave, préparateur de M. Lippmann, en 1906. En employant un écran ligné ou même en utilisant à la prise de vue un artifice qui permettra à la projection d'avoir les mêmes résultats que par l'interposition d'un réseau, il est très possible d'obtenir au cinématographe cette succession d'images imbriquées qui, dans le procédé Estanave, donne l'illusion d'un relief.

On pourrait également obtenir des images cinématographiques en relief en donnant à l'appareil, ou plus exactement à deux appareils couplés circulant sur rail, un mouvement synchrone comme l'a du reste proposé M. Brown.

J'ai déjà indiqué que lorsque l'on voulait tout sacrifier aux premiers plans, il fallait faire subir à la disposition des décors une modification totale. Mais ici il faut savoir disposer de la lumière pour ne pas provoquer des reflets fâcheux. L'éclairage doit tomber d'aplomb sur l'acteur, celui-ci est placé le plus près possible d'une glace de grande dimension où viennent se refléter le décor et la figuration placée en deçà de l'appareil, celui-ci étant évidemment disposé soit en haut soit en bas du lieu de la scène. Le décor et la figuration sont alors très fortement éclairés et on obtient des effets remarquables qui permettent de jouer *Vitagraph.*

Le relief, que les tons de peinture ne peuvent que difficilement nous restituer par la décoration, pourrait être traduit, cinématographiquement, en faisant courir le long des moulures des décors, des tubes de verre qui souligneraient ces moulures et dans lesquels circuleraient des gaz ou liquides rendus photogéniques.

On obtiendrait ainsi ces contrastes qui, sur des photographies prises la nuit, soit de fontaines lumineuses, soit de manèges forains, traduisent pour nous un relief saisissant. N'est-ce pas d'ailleurs grâce à cette disposition qu'en Amérique on a reproduit simplement par des jeux de lampes électriques commandées par interrupteurs un spectacle animé représentant une scène du Cirque Romain ?

Terminons donc en souhaitant une fois de plus qu'au cinématographe on s'inspire davantage des lois fécondes de l'optique et que l'on s'écarte soigneusement de ce qui peut être de l'esthétique théâtrale mais de ce qui est souvent un non-sens au point de vue photographique.

D'ailleurs la production du film en couleurs, qui nous donne en outre le relief, grâce à la simple divergence de rayons lumineux correspondant aux radiations colorées, va complètement bouleverser notre technique cinématographique; préparons-nous à cette révolution pacifique en modifiant rationnellement nos théâtres.

LE COSTUME

On a dit que sous l'apparente fantaisie du costume et de la Mode se cachaient, pour l'observateur et pour le philosophe, de graves questions économiques et sociales. L'auteur de scénarios n'a sans doute pas à déduire de la nature, de la genèse, de la façon du costume la philosophie des âges que la Mode incarne; mais le souci qu'il a d'être historiquement vrai lui fait un devoir, une nécessité de s'initier particulièrement aux traditions de la coiffure, des bijoux, du drapé des étoffes. L'ouvrage le plus considérable qui ait été écrit sur les costumes porte la signature de Hottenroth. On y trouvera une foule de renseignements et surtout d'anecdotes sur lesquelles on pourrait brocher de très intéressantes scènes de mœurs.

Je négligerais volontiers l'histoire du costume au théâtre si l'auteur de scénarios historiques ne devait me ténir rigueur d'une entrée en matière qui,en réalité, n'a que l'importance d'une documentation classique. Au cours de notre précédente causerie, j'ai signalé que la machinerie des décors fut, à l'époque des mystères et des sotties, assez remarquable. Je ne ferai pas pareil éloge du costume. Lorsque les Clercs de la Basoche avaient élu leur capitaine, leur lieutenant et leur porte-étendard, le capitaine désignait une couleur et un costume que devaient adopter tous les membres de sa compagnie; la couleur était peinte sur un vélin qu'on accrochait à l'étendard et la compagnie prenait un nom qui était en accord avec le costume général qui avait été choisi. Pourtant le roi de la Basoche avait pour escorte deux compagnies vêtues de jaune et bleu, couleurs officielles de la basoche. Les étendards des autres compagnies se caractérisaient non seulement par les couleurs adoptées, mais aussi par les trois écritoires en champ d'azur, armes des clercs. La procession à travers les rues de Paris portait le nom de « montre » et de « cris ». La montre générale instituée par Philippe le Bel subsista jusqu'au règne de Henri III qui la supprima. La Société des Sots fit jusqu'au XVIIIe siècle de semblables manifestations. Une vignette de la « danse macabre » et une gravure d'une pièce de Gringoire nous donnent sur le costume de la Mère Sotte des détails qu'il est bon de rappeler, les auteurs de scénarios étant de plus en plus tentés par la reconstitution des grandes pages de notre histoire. Elle portait une longue robe et une espèce de tricot à manches amples à la fois effilées du haut et fermées aux poignets. Une sorte de capuchon pointu formant camail et orné de superbes oreilles d'âne couvrait la tête de la Mère Sotte. Comme bijoux, un collier formé par des plaquettes de bois agrémentées de bas-reliefs licencieux, en la main droite, la Marotte. Les dignitaires du prince des Sots et de la Mère Sotte, guides, héraut, suppôts de la sottise symbolisaient par leurs costumes les abus et les vices que la mascarade se proposait de signaler et de fustiger. On conçoit quel large champ était ouvert à la fantaisie dans la création des costumes des jeux de la Sottise : le prince des Sots portait sa devise « Stultorum numerus est infinitus » (le nombre des fous est infini). Autour de lui se groupaient sur la scène le seigneur Joie, celui de Pont-Alais, celui du Plat, l'abbé de Frévault, celui de Plate-Bourse. La Sotte Commune symbolisait l'ignorance populaire, sotte Fiance et sotte Occasion lui donnaient la réplique. Quant aux *Mystères*, que d'erreurs historiques dans le costume des acteurs ! Le père Éternel portait la Chasuble ; Ève, une robe de soie blanche. La Satisfaction était au contraire vêtue, ou plutôt court-vêtue du costume d'Ève. Cœur, Ventre, Jambe, Tartelette étaient les personnages secondaires. N'oublions pas Sainte-Barbe et surtout le Diable dont le rôle était d'autant plus recherché qu'il donnait le droit à l'acteur auquel il était confié de vivre huit jours à discrétion sur le pays, ce qu'un dicton populaire rappelait en ces termes : « S'il plaît à la sainte Vierge et à Monsieur Saint-Jean, je serai diable et paierai toutes mes dettes ». Sujet de scénario que je signale à la verve comique de quelques-uns d'entre nous et pour lequel ils pourront relire tout un passage de Pantagruel.

Jusqu'à la première moitié du XVIIIe siècle, l'anachronisme fut la règle du costume au théâtre. Les tragédies de Racine furent jouées en habit de cour. Dans une pièce de La Fontaine, Cléopâtre était en grand costume espagnol ce qui faisait dire au poète : « On va nous prendre ici pour Janneton la Folle ». Adrienne Lecouvreur même, et malgré les indications de Voltaire, joua en robe à paniers la tragédie. C'est à Mme Favart qu'il devait appartenir d'observer la vérité historique dans le costume,et lorsqu'elle parut dans *Bastienne* en robe de laine, avec une simple croix d'or, bras nus et en sabots, comme la salle murmurait, il y eut pourtant un critique avisé pour s'écrier : « Messieurs, les sabots donneront des souliers à nos comédiens. » C'est à Mlle Clairon que l'on doit l'introduction du costume vrai à la Comédie française. Soutenue par Lekain, elle osa jouer Electre en costume d'esclave, les bras chargés de chaines. Talma allait achever la révolution commencée. L'innovation fut d'abord si mal accueillie par les camarades du grand artiste qu'il fallut un véritable triomphe pour l'assurer. Le maître du costume fut pour Talma, le peintre David. Enfin nous devons à Wagner le souci de la vérité au théâtre qu'Antoine devait pousser si loin et définitivement acclimater dans nos mœurs scéniques, prouvant ainsi quelle différence il faut établir entre la documentation et la simple tradition.

C'est pour répondre à ce souci de documentation que nous allons jeter sur le Costume à travers les âges un rapide coup d'œil, réservant à notre étude du grime, celle de la coiffure rétrospective.

On commettrait un gros anachronisme si l'on faisait dépendre de l'art de la draperie tout le costume antique. En fait on peut dire que draper une étoffe c'est la transformer en vêtement. On peut dire aussi que son rôle est d'indiquer, de souligner les lignes corporelles sans les montrer. Le costume antique, fait de draperies, évoque les habitudes, l'amour des exercices de la vie au grand air. Nul mieux que Duncan n'a montré comment la draperie peut suivre comme la personnalité de celui qui la façonne suivant ses goûts, suivant ses journalières occupations. Aujourd'hui c'est la Mode qui nous plie à ses caprices, sans place pour l'interprétation personnelle avec pour conséquences la gêne dans les mouvements qui deviennent ainsi inharmonieux et inharmoniques. Qui peut parler de science de geste et du maintien quand il serait si facile d'obtenir des mouvements vrais, par l'adoption d'un costume vrai ? Tout mouvement qui est un effort est un mouvement laid.

Le costume grec est en cela caractéristique, il ne montre pas comme la robe égyptienne, il n'a pas la lourdeur et comme la fausse pudeur du burnous. Comme on l'a fait remarquer il est vertueux pour cette seule raison qu'il a le respect de la nature. Ce sentiment de vertu, qui est en même temps complété par un sentiment de beauté, nous l'éprouvons devant les statues des héros et des dieux de la Grèce, le plus souvent vêtus d'une simple peau de bête dont la queue était rejetée sur une épaule. Il suffit de lire Homère pour se pénétrer de l'éthique du costume grec. Comment s'étonner que la femme grecque ait acquis dans l'art de se parer un si haut degré de perfection lorsqu'elle avait pour fixer son goût non seulement les enseignements de la nature, mais aussi ceux que traduisait pour elle la merveilleuse langue des poètes ?

Le vêtement dorien était très écourté ; chez les femmes il s'arrêtait à la cuisse : le vêtement ionien était au contraire fort long, attaché aux épaules par des agrafes et des boutons, serré à la taille par une très large ceinture. Les manches, qui n'allaient que jusqu'au coude, étaient ornées de glands qui pendaient aux quatre coins Par-dessus était jeté le pallium, manteau qui était lui-même soigneusement drapé. En public les femmes se conformaient à la loi de Solon en se couvrant la tête d'un voile léger. Sous le nom de peplos on entendait une sorte de tunique qui s'agrafait en laissant à découvert l'épaule et le bras droit. Les vieilles femmes se couvraient du Zomé. On sait que les femmes ont de tout temps adoré le corset trompeur et qu'elles en ont usé à l'égal du fard et de la médisance. Nous devons avouer que les Grecques n'ont pas échappé à la commune loi. Mais chez elles le corset n'était qu'une modification de la ceinture : le « strophium » tissé de fils d'or, formé d'une sorte d'écharpe, de long cordon, roulé autour du buste, sous la poitrine qu'il soutenait. La Zona, entourant le ventre relevait la tunique et sous les aisselles prenait l'anamacalisteron. Aux jeunes filles était réservée une ceinture spéciale faite de laine de brebis qu'il appartenait au mari de dénouer, lors de la nuit nuptiale. Les poches n'étaient pas connues des grecques, la ceinture y suppléait. La Chlamyde; manteau court, agrafé par une boucle ornementale découvrait le bras droit; chez les femmes elle était terminée par des franges éloignées. Au point de vue de la couleur, les Spartiates préféraient le rouge, les Athéniens, le pourpre.

Les costumes adoptés par les Grecs au théâtre différaient un peu de ceux de la vie commune. Les artistes portaient, en effet, comme vêtement de dessous, une sorte de caleçon, le subligaculeum qui fut remis en honneur par la Camargo. La danseuse grecque était enveloppée de la « palla » que la Loïe Fuller n'a que ressuscitée. Les danseuses de la Laconie avaient pour costume un vêtement remis à la mode par les « Merveilleuses » du Directoire.

On a dit que les Romains ne furent pas un peuple artiste. Peuple d'affaires, la somptuosité, la richesse les alourdirent. La majesté fut la caractéristique de leurs costumes, comme le mot patricien est la caractéristique de leur langue. La toge enfermait dans ses plis l'âme hautaine des Romains et la correction de l'attitude fut comme leur obsédant souci. Néanmoins, comme chez les Grecs, l'air circule librement sous les tissus sévèrement drapés en plis auxquels l'adjectif de superbe s'accorde merveilleusement. Primitivement, ou plus exactement, pendant la plus glorieuse période de l'empire romain, la simplicité fut la caractéristique du vêtement. La robe longue, doublée de la toge, était commune aux deux sexes et les tissus étaient de laine. Mais sous l'influence même des résultats économiques de leurs conquêtes, les Romains rapportèrent des lointains pays de la Grèce et d'Orient, l'usage des tissus d'or et de gaze. La décadence commença avec l'usage du proclinium, du lit d'apparat.

Le vêtement consistait en robes et tuniques. La robe, de couleur le plus souvent, sinon toujours, blanche, s'attachait au-dessus des bras ; une frange de pourpre recouvrait le haut de la poitrine. L'âge de la personne se calculait à la longueur de la tunique qui, chez les jeunes filles, descendait à mi-jambes. La bordure était constituée par une sorte de franges souvent complétées par des broderies d'or et de perles. Aux courtisanes était réservée les tuniques écourtées au-dessus de la chaussure. Par-dessus la tunique, les patriciennes disposaient les plis d'un surtout, la « stola » de pourpre à franges d'or et pierres précieuses, recouvert lui-même d'un voile léger fixé par un bijou très large à l'épaule droite. La tête, comme chez les Grecques, était recouverte de la « mithra ».

Les tuniques ou robes étaient très diverses et de coupe et d'assemblage. La « Crocula », de couleur safran, comme son nom l'indique, était courte; l' « œnomide », robe des prêtresses de Vénus, serrait la taille et la « linteolum cœsicum » largement échancrée sur la poitrine, était particulière aux courtisanes. Aux reines et impératrices était réservée la robe longue, « Klamis ou basilica. » Le « peplum » était commun aux deux sexes, il laissait une épaule à découvert. La toge fut, nous l'avons dit, comme l'uniforme du peuple romain « cedant arma togœ ». La toge est d'origine étrusque; elle se portait primitivement sur le corps nu. Pour les travaux pénibles, les Romains ne conservaient qu'une sorte de caleçon collant le « subligaculum » et Caton, comme beaucoup de patriciens, travaillait nu parmi ses esclaves. Pourtant, chez les Étrusques, la toge était réservée aux hautes classes. Elle était portée sur une tunique blanche ornée de pourpre. La toge blanche était remise au Romain à l'âge de 17 ans en même temps qu'on le rasait pour la première fois et que l'on conservait comme relique le premier duvet de l'adolescence. La toge des femmes « stola » était plus courte ; répudiée comme adultère, la Romaine revêtait la toge longue des hommes.

Mais lorsque vint le bas Empire, les modes bysantines, aux étoffes soyeuses et somptueuses, surchargées d'ornements et de bijoux, firent perdre au costume romain son caractère autochtone. Au trésor de la ville s'empruntaient primitivement les toges brodées et palmées dont le drapé était tout un art pour le guerrier, le jurisconsulte ou l'orateur qui en étaient revêtus. Les prêtres la ramenaient sur la tête. César, Virgile, Auguste n'eurent pas comme Cicéron l'art de porter la toge ; on dit même que ce dernier la portait très longue pour masquer les varices de ses jambes. Lorsque la mode venue de Bysance eut alourdi la toge, l'eut comme figée dans une attitude de servitude, les mœurs de la décadence envahirent l'empire romain sous le masque d'un puritanisme exagéré qui comblait de joie les Bérenger de cette époque misérable. Dante, Boccace et Pétrarque en furent les derniers représentants ; nos magistrats n'ont fait que perpétuer Bysance. Que de différences entre les plis d'une même étoffe !

Le costume égyptien dérive également de besoins et d'esthétique naturels. Le climat étant chaud, le vêtement a peu de surface, les plis en sont comme plaqués. Jusqu'à la nubilité les enfants nus se livrent aux caresses d'un soleil doré, un bracelet doré au poignet, au cou l'amulette consacrée, les cheveux formés en natte. Les petites filles, la taille cerclée d'une étroite ceinture, partagent les rires et les jeux des garçonnets. Les hommes enferment aux hanches le « shenti ». Deux bretelles maintiennent chez la femme une sorte de pagne collant au corps. Les seins, le plus souvent tatoués selon le rite, sont libres. Par-dessus cette sorte de fourreau, les riches Égyptiennes portaient une longue tunique de toile aux plis collants gaufrés qui indiquaient les harmonieuses lignes d'un corps dont la souplesse était soigneusement entretenue. Par goût et par propreté, car la propreté est une qualité générale chez lui, l'Égyptien se rasait. Son luxe était celui des anneaux, des chaînes et des bijoux.

Avant de fixer les grands traits de l'histoire du costume en France, quelques mots sur le vêtement gaulois ne seront pas inutiles. Diodore de Sicile nous apprend que les Gaulois, les hyperboréens comme les appelaient les auteurs anciens, avaient les cheveux roux et qu'ils en exaltaient encore la couleur par des lavages à l'eau de chaux. « Ils semblaient, dit-il, avec leurs cheveux noués sur le sommet de la tête des satyres ou à des pans. » Contrairement aux Orientaux, aux Grecs et aux Latins, les Gaulois n'avaient pas de vêtements amples. Ils adoraient les fourrures, comme du reste tous les peuples primitifs, chez lesquels une peau jetée sur les épaules signalait les chefs de clan ; la peau de panthère distinguait les patriarches chargés du culte. Seules les peaux qui entouraient les jambes étaient épilées. Le cuir en était préparé par séjour dans la chaux vive. On dit même qu'en étendant les peaux à l'ombre des chênes, les anciens découvrirent les propriétés du tan. Nous avons déjà montré comment du primitif costume faits de peaux de bêtes, qui fut celui des héros, les Grecs passèrent aux étoffes drapées ; lorsque la décadence fut venue, les barbares apportèrent dans le monde latin le goût de la fourrure. Sidoine Apollinaire donne aux hordes germaniques de Mérovée le nom de pelleti ; malgré les édits d'Honorius (397) et les satires de Claudien et de Tertullien, la fourrure s'imposa, mais en même temps elle connut le luxe et l'ornementation. Les « rhénones », manteaux de peau de loup, furent richement bordés. Childéric portait une tunique bordée de perles et une dalmatique couverte d'abeilles d'or. La toge romaine devint sous Clovis le vêtement de cérémonie.

Les femmes franques portaient des coiffes ornées de voiles dont l'extrémité droite pendait sur l'épaule gauche. Elles adoptèrent les tuniques byzantines, rondes, percées d'ouvertures pour la tête et les bras, maintenues aux reins par un cordon.

Le Bi~~bli~~ographe de Charlemagne, moine de Saint-Gall, nous donnent sur le vêtement des Francs des détails précieux : « Brodequins dorés par dehors, maintenus par des courroies longues de trois coudées qui couvraient les jambes ; par dessous des chaussettes d'un travail précieux et varié ; par-dessus de très longues courroies étaient serrées en forme de croix. Puis venait une chemise de très fine toile, un baudrier, une épée contenue dans un fourreau recouvert d'abord d'une courroie, ensuite d'une toile très blanche. Les Francs mettaient par-dessus leurs vêtements un manteau bleu ou blanc à quatre coins qui descendait par devant et par derrière jusqu'aux pieds, mais qui, sur les côtés atteignait à peine aux genoux. Dans la main ils portaient un bâton de pommier à pomme d'or ou d'argent ciselée ». Nous avons dit que l'adhérence au corps caractérisait le vêtement des Francs, nous pouvons ajouter que cette adhérence est restée le propre des habits de notre nation. Pour lutter contre le luxe envahissant, Charlemagne affecta une extrême simplicité, conservant le justaucorps en peau de loutre et la saie des Vénètes. Mais Charles le Chauve finit par céder aux modes grecques.

Le vêtement féminin comprenait deux parties, deux tuniques, l'une longue et étroite, l'autre courte mais décorée et à plis flottants. La ceinture était placée sous les seins et retombait en avant, toujours richement ornée. Un large voile enveloppait le corps. De cette époque date la « chainse », précurseuse de la chemise. On la portait sur la peau et on la fendait sur le côté pour pouvoir monter à cheval.

Les approches de l'an mille firent préférer les vêtements pratiques ; saie ou sayon, petit manteau court, casula, origine de la chasuble. Les femmes continuent à porter l'ample voile retenu au front par un lourd bandeau de pierreries. Leurs ceintures sont riches et en leurs mains on remarque la canne de pommier que la reine Constance, femme de Robert, utilise pour crever les yeux de son confesseur.

Les premiers Capétiens rétablirent le port de la barbe aboli par Charles le Chauve. Le manteau est attaché sur l'épaule, la tunique est double.

Le XIIe siècle fut témoin d'un changement important dans l'ordonnance du costume. Robert Courte-Heuse, duc débauché de Normandie, introduisit pour les hommes l'usage des vêtements longs. Ce sont là « modes barbaresques ». La chape ou cape, commune au clergé, aux laïques et aux femmes, était interdite aux Juifs et aux filles. Le costume féminin se caractérise néanmoins par une sobriété qui ne manque pas de noblesse. Les plis des vêtements sont droits et longs, sans ampleur. Les manches sont ou très étroites ou très larges. La gipe ou gipon, attachée à la taille, apparaît. Le portrait de saint Louis nous a conservé des vestiges spécifiques du costume des XIIe et XIIIe siècles. L'emprise religieuse, doublée des mœurs byzantines, se traduit en ces accoutrements rigides.

Comme Charlemagne, saint Louis avait préconisé la simplicité du costume. A partir du règne de Philippe III le vêtement se transforme rapidement : la chainse devient la chemise, le pelisson, justaucorps en peau, remplace le bliaud. Les fourrures et les armoiries viennent orner les surcots de prix. Le chaperon couvre les têtes. Quant à la mode féminine, elle sort de l'austérité monacale, elle entr'ouvre les portes de ses cloîtres d'étoffe ; par les couvertures du surcot apparaissent la cotte et la ceinture ; les hommes découpent même à jour leurs surcots. La coiffure varie depuis la garlande et le chapeau de paon jusqu'aux chapels en fourrure et aux couronnes de fleurs, à la résille et à l'aumusse, capuchon de drap doublé d'hermine.

Nous sommes au temps des virelets et des lais d'amour qui chantent les « chapelez de flors ». Les prêtres mêmes adoptent ces coiffures.

La guerre de Cent ans marque une nouvelle révolution dans le costume qui, de long, devient pour les deux sexes, outrageusement court. Le costume épouse étroitement la forme des membres. La magistrature et le roi sont seuls fidèles aux longues robes. Le pourpoint à ceinture basse, à manches évasées vient à la mode. Des houppelandes de velours richement ornées marquent l'étroitesse voulue du vêtement, alors que de l'Italie venaient les vêtements mi-partis, que nous a seul conservé Polichinelle ; le chaperon s'allonge en longue queue ; de longues pointes relèvent les chaussures à la poulaine.

Aux XIVe et XVe siècles le goût transformé par des importations d'origine orientale, devient pour le moins étrange. Le ridicule des souliers à la poulaine est remplacé par celui du hennin, coiffure qui consistait en une coiffe blanche, empesée, aux formes aussi bizarres qu'énormes, auxquelles les portes étaient peu accessibles.

A la même époque les étoffes s'amollissaient et s'écourtaient outrageusement ; on prenait le goût des tailles fines, au point d'inventer de fausses épaules, maheutres ornées de manches de dentelle. On peut imaginer, touchant le costume du xive siècle, les scènes les plus burlesques sans craindre de sortir de la réalité.

L'acte d'accusation du procès de Jehanne d'Arc renferme de curieux renseignements sur le vêtement au xve siècle. Le corsage féminin est collant, la jupe est ouverte sur le devant et, à la mort de Louis XI, les robes s'allongent à nouveau. Le haut-de-chausse masculin est caractérisé par la braguette en forme d'étui. Charles VIII ramène d'Italie des modes plus gaies et aussi le goût des fêtes somptueuses, aussi somptueuses qu'étaient amples les robes des femmes dont certaines tapisseries du Musée de Cluny nous ont laissé souvenir.

Avec la Renaissance la robe féminine s'évase des hanches aux pieds, les épaules sont découvertes, les manches très larges sont doublées d'hermine. Le velours cramoisi s'unit au blanc satin : c'est le règne des lourdes étoffes et des lourds bijoux. Robe à plis en tuyaux; marlotte ou berne et cotte sont les termes sous lesquels on désigne les parties du costume féminin. La marlotte était une sorte de par dessus court.

La religion réformée ne fut pas sans influence sur les changements qui marquent les modes à partir de Henri III. Les couleurs s'assombrissent. Les hauts-de-chausse sont très courts ; la cape, manteau très court, est rejeté sur l'épaule. Le toquet est de velours orné d'un discret bijou. Catherine de Médicis introduisit deux modes nouvelles en France, celles des fraises faisant le tour du cou et celles des baleines bordant la vertugale qui fut l'origine de notre moderne corset. La robe est maintenant fermée du haut en bas. Les manches légèrement bouffantes à l'épaule sont très étroites au poignet. Mais à mesure que le costume devient plus austère, les mœurs deviennent plus dissolues. Catherine de Médicis, Henri III président des orgies sans nom. On prend le goût des panses rebondies. La folie des bijoux redouble, les couleurs criardes sont seules de mode. Le même désordre règne dans le choix des coiffures. L'ampleur des robes reprit toute sa vogue ainsi que celle des manches et des queues traînantes longues de six pas. Nous sommes à l'époque du parfait ridicule. Qu'on y ajoute le port du masque et celui de l'escoffion, sorte de bonnet jeté sur une chevelure postiche, et on n'aura pas de peine à imaginer quelles caricatures, à la démarche de canard, symbolisaient sous Henri III la plus belle moitié du genre humain. Avec Henri IV le costume reprit une forme plus élégante. Le pourpoint perdit son horrible panse. Le manteau s'allonge, mais la fraise et les manches bouffantes subsistent. Quant aux couleurs, il est difficile de se reconnaître dans leurs fantaisistes dénominations ! Ventre de biche, nacarade, amarante, astrée, fleur mourante, triste amie, celadon. Et pourtant une ordonnance royale avait réservé le port des joyaux et des belles étoffes aux seuls filous et filles de joie !

Le règne de Henri IV fut tout de transition ; avec Louis XIII le costume va prendre un caractère national. Les bottes s'évasent, les hauts-de-chausse s'allongent par des dentelles en canon ou, sous le nom de « lordiers », deviennent flottants. Le col étalé sur les épaules remplace la fraise Médicis. Le pourpoint est raccourci au-dessus des hanches laissant bouffer la chemise. Le costume ne comporte pas de ceinture, mais le chapeau se fait ample. La chaussure est très variée. Louis XIII ayant de longs cheveux, les courtisans se mettent à porter perruque. Le costume féminin ne se modifie que lentement. Les grandes dames se décident au déchaperonage.

On sait que Mazarin, par un certain nombre d'édits, voulut réglementer l'abus que l'on faisait des passementeries et des joyaux (1644-56). Le pourpoint fut abandonné par la Cour pour le justaucorps que recouvrait la veste. Une courte jupe à plis droits tombe sur le bas bien tiré que le mollet postiche garnit, bien tourné, mais trompeur, livré aux coups d'épingle des gamins malicieux. Le col s'élargit, les manchettes de dentelle sont tout un poème d'élégance raffinée. Les manteaux longs sont réservés aux cérémonies d'apparat. Le chef de Louis XIV étant affligé d'une loupe énorme, les perruques deviennent de plus en plus à la mode.

Quant au costume des femmes, les tailles minces y sont la règle. Le corsage est très ajusté et très décolleté. Les jupes sont très bouffantes. Le manteau n'est drapé que d'un seul côté, les manches sont plutôt courtes et le bras nu émerge d'un flot de dentelles. La mode peut-être imposée par Louis XIV et, plus encore, par les fantaisies de ses favorites, ne tarda pas à se modifier sous la Régence et sous Louis XV.

Le manteau devient la redingote légère couvrant la culotte de satin à pont. Le corsage féminin s'échancre, mais l'apparition des *paniers* est déplorable. Le manteau devient la mante fourrée. Sur les épaules nues se jettent les manteaux à capuchon, les mantilles et les légères écharpes. Sous l'inspiration de Watteau, la robe s'évase appuyée sur des plis partant de la nuque, plis qui ont du reste conservé le nom de ce peintre. Avec Louis XV la mode va s'inspirer de la draperie grecque ; les bijoux et les colliers s'affinent dans leur facture. Avec Louis XV apparaît l'habit à la française.

Avec Louis XVI, ou plus exactement avec Marie-

Antoinette, la folie des paniers sévit plus intense. Nous sommes au temps des caracos « à l'innocence reconnue » des bonnets et des falbalas « aux plaintes discrètes ».

Les teints d'anémique étant fort en honneur, les femmes se font saigner pour avoir l'air plus langoureux. Les vêtements deviennent plus légers, c'est le règne de la gaze, de la lévite et de la circassienne. Notons le succès d'hilarité que remporta la comtesse de Jaucourt qui eut un jour l'idée de relever sa lévite par une queue de singe. La chemise subit de notables transformations. Les coiffures prennent de telles dimensions que Beaulard les imagine à ressorts pour qu'elles puissent passer sous les portes ! Quant aux noms des couleurs, c'est *ventre de puce en fièvre de lait, entrailles de petit maître* et même *boue de Paris*. Les *fichus* Marie-Antoinette ont survécu à tous les orages.

En 1789, les basques du frac s'allongent d'autant plus que la taille se raccourcit. La culotte est courte, le bonnet rouge coiffe les révolutionnaires, la cravate s'étale largement. Le peuple adoptant le pantalon s'intitule fièrement « sans culotte ». On se frise à la Caracalla, et on se fait tondre à la Titus. Les Incroyables se signalent par l'extravagance de leur mise. Quant au costume féminin, sous l'inspiration du peintre David et de Robespierre, les paniers et les hautes coiffures ont fait place à des deshabillés imités de l'antique. Les dessous sont supprimés hardiment par les Merveilleuses. Nous sommes aux joyeux jours du Palais Royal et du « Bal des Victimes ». On se faisait raser la nuque à la Samson, en souvenir du bourreau, mais on épinglait aussi au bas de la jupe de Mme Tallien : « Respect aux propriétés de la Nation ».

Avec les tuniques grecques, largement fendues sur le côté, le fichu fut en grand honneur et les châles firent leur apparition sous le Consulat, ou plus exactement sous Joséphine, Mme de Stael et Mme Récamier, les corsages, très courts et serrés au buste étaient couverts de cachemires riches. Les meubles suivirent les fantaisies du costume. L'impératrice Joséphine provoqua la mode des robes de mousseline brodées et des courtes tuniques. Ses dépenses de toilettes étaient énormes. Elle conserva le goût du luxe à la Malmaison et le jour de sa mort elle demanda encore qu'on lui passât une robe de grand apparat dans l'espoir que l'Empereur de Russie lui viendrait rendre visite.

Les sœurs de l'Empereur partageaient le goût de l'Impératrice, pour les folles dépenses.

Après la chute de Napoléon Ier, Louis XVIII tenta de rétablir la perruque à queue et les robes à paniers. Il tint un grave conseil à ce sujet en demandant même à Dreux-Brézé s'il ne trouvait pas bien qu'on reculât jusqu'à la fraise des Médicis. La mode tourna à l'imitation de l'étranger : on adora le blanc, on en mit partout, on frisa franchement le ridicule : manches à la folle, à « gigot » ornèrent les canezous qui réapparaissent. Les couleurs furent : peau de serpent, lave du Vésuve, etc. En souvenir de Joko, chimpanzé du Jardin des Plantes, on eut la mode au « dernier soupir de Joko ». Quant à la girafe du pacha d'Égypte, elle servit de patronne à une quantité formidable d'objets. Pour l'héroïne du romantisme tout se borne à Lamartine et à Delaroche. Émotions vives et discussions politiques sont ses passions. Le cachemire donne le ton, écharpes et ceintures sont obligatoires. Les pèlerines sont doubles et tuyautées. Les dessins d'étoffe se font légers, sur fond blanc. Le chapeau de paille d'Italie doublé de soie est de tous les mondes et de tous les âges. Le costume noir fut celui des hommes. Frédéric Soulié ayant, en 1842, publié son « Lion amoureux » le mot devient à la mode ainsi que ceux de tigres, panthères et lionnes. La vésuvienne surpasse bientôt la lionne que le bonnet juché sur les bandeaux à la George Sand caractérisait. Le grand chic est la robe d'amazone à boutons grelots et à brandebourgs. Du corsage saillit la chemisette de batiste à jabot, sous la jupe un pantalon, des bottes à éperon, et, sur la tête, un large chapeau de feutre.

Avec la Révolution de 1848 disparaissent lions et lionnes. La femme redevient elle-même. Deux modes bien oppposées : d'une part les grands manteaux garnis de cent mètres de dentelle, les corsages turcs, les polonaises, etc., de l'autre des costumes discrets et simples. Les robes d'été étaient de mousseline à trois volants. Les écharpes très larges étaient de tulle blanc et les châles de taffetas noir. Les robes de bal étaient évasées du bas, minces à la taille. Un étroit collier faisait valoir les décolletés très larges. Les camées et bijoux d'émail sont fort en honneur. Les robes de chambre sont de rigueur et les sorties du matin sont une transformation de la redingote. On les garnissait peu. Les bals battent leur plein, on en donne partout, on croit à la paix, à la fortune universelle. Le second empire verra la mode stupide des crinolines et des vilaines étoffes, aux tons criards. La nuance « Teba » fait fureur. La moire est de rigueur pour tous les costumes d'apparat. L'Impératrice donne le ton. Les cachemires algériens, les corsages étroits à un seul bouton étaient accompagnés d'une débauche de dentelle. Les manteaux arrondis sont franchement laids. Les ornements sont les soutaches et les brandebourgs, l'astrakan. Ce n'est que volants sur volants. Sous le nom de « peplum impératrice » on désignait une sorte de corset à basques longues et carrées. Parlerons-nous des garibaldis, des paletots-gilet Louis XV? C'est l'époque où l'industrie s'en donnne à cœur-joie avec les jupons à ressort et démontables, les parasols transparents, les boucles d'oreilles aquarium. Les cheveux se teignent outrageusement et le tout fleure le cuir de Russie.

Avec l'Empire a disparu la crinoline et les déesses de l'« empire s'amuse ».

On me permettra de ne rien dire des temps modernes, ou plutôt d'espérer que la « combinaison américaine » n'envahira pas ce royaume qu'est le Tout-Paris de l'Élégance. De tout ce que nous avons pu dire du passé doivent au contraire se dégager des idées nettes et artistiques sur ce qui reste à faire... pour bien faire.

LE MAQUILLAGE

Mais quittons le domaine des documents nécessaires à l'artiste et à l'auteur de scénarios pour quelques renseignements utiles à l'opérateur, au metteur en scène.

On ne peut, au cinématographe, pour les raisons que nous avons indiquées à propos du décor, adopter les costumes et les fards tels qu'on en use au théâtre scénique.

Le rouge, le rose, le blond ardent viendront noirs à la projection. Le bleu, le violet viendront blancs. Les détails manqueront avec des costumes et des draperies jaunes ou verts ; il en sera de même avec les costumes blancs éclairés par une lumière électrique trop crue. Ce que nous avons dit touchant les teintes neutres du décor doit s'appliquer au costume et s'étendre à la nature du maquillage.

Photographiquement parlant, les blancs à base de céruse donneraient les meilleurs résultats. Mais ce produit est si toxique qu'il doit être impitoyablement rejeté. La santé des artistes avant tout.

Le maquillage qui accentue les traits ne donne que de mauvais résultats au cinématographe. Suivant que l'épiderme est sec ou gras, l'artiste modifira la nature de son fard. Pour les peaux sèches, on adoptera les fards liquides dont une formule est la suivante :

Eau de rose.	500 gr.
Glycérine	15 —
Nitrate de bismuth de l'*ancien Codex*.	250 —

Bien demander au pharmacien *ancien Codex*, car le sous-nitrate préconisé par le Codex 1908 est le plus souvent très jaune.

Le blanc liquide est étalé sur toute la figure, compris les oreilles, on laisse sécher et on brosse avec une brosse de soie très douce. Pas de rouge ; mais du noir soit de Chine, soit obtenu d'un clou de girofle calciné. La poudre sera à base de talc, d'amidon et de kaolin.

Certains acteurs, avant de passer le blanc, passent sur la peau du beurre de cacao. Mais le blanc ne saurait être ni rosé, ni rachel, ni bistre. Le noir gras destiné à donner de l'épaisseur aux cils sera passé légèrement chaud au moyen d'une petite brosse spéciale. Dessiner la bouche avec du rouge, placer un point rouge du côté du nez, près de l'œil, pour l'éclairer est complètement inutile. Il est tout aussi inutile de mettre du rose à l'intérieur des narines et des oreilles. Les effets de maquillage spéciaux seront obtenus au moyen de fards résultant du mélange des fards blanc et noir.

Une bonne formule de fard gras photogénique est la suivante :

Cire blanche.	25	gr.
Vaseline de Chesbrough.	250	—
Lanoline hydratée.	75	—
Sous-azotate de bismuth, ancien Codex	200	—
Talc de Venise	50	—
Kaolin très fin	10	—
Blanc de baleine	25	—
Parfumer à volonté.		

Un bon fard noir est le suivant :

Cire blanche	100	gr.
Axonge bien pur benzoiné	125	—
Noir de fumée	125	—

Une formule plus simple consiste à incorporer le noir de fumée dans l'axonge seul.

Le maquillage est tout un art. On peut se donner la physionomie d'une mégère édentée en mettant une feuille de papier de plomb sur quelques-unes de ses dents. L'amaigrissement des joues est imité en utilisant de la cendre de papier brulé indiquant la cavité que l'on veut souligner. Mais n'oublions pas que les jeux de lumière peuvent et doivent, au théâtre cinématographique, se substituer à une pratique trop étendue de l'art du grime ; que des détails qui seront merveilleux au théâtre deviendront affreux à la projection cinématographique, car l'objectif analyse précisément les détails, et souvent les exagère.

Que l'artiste reste donc avant tout lui-même et joue avec sa physionomie propre ; il aura plus de succès parce que plus vrai.

Supplément mensuel à " Cinéma " Annuaire de la projection fixe et animée

Abonnement :
1 fr. 25
pour le monde entier

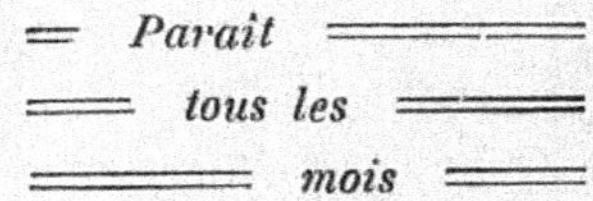

Parait
tous les
mois

Journal d'informations Cinématographiques absolument indépendant

BULLETIN D'ABONNEMENT A REMPLIR ET A RETOURNER

118, Rue d'Assas, PARIS

Veuillez m'abonner pour une année à "**CINÉMA-REVUE**", Journal d'Informations Cinématographiques.

Ci-joint un franc vingt-cinq centimes.

Le **191**

Nom ....

Profession ....

Adresse ....

ÉDITION 1912

" CINEMA "

ANNUAIRE DE LA PROJECTION
FIXE ET ANIMÉE

PARIS — 118, rue d'Assas — PARIS 6e

TÉLÉPHONE : 811-90.

Cet ouvrage comporte :

1° Une *Liste générale* de toutes les personnes appartenant à la corporation cinématographique, classées par ordre alphabétique, avec leur profession principale, l'adresse complète, le numéro de téléphone, l'adresse télégraphique, etc... ;

2° Une liste de tous les *Fabricants et Négociants* d'articles de projections fixes ou animées, classés par chapitres (250) en cinq langues : Français, Anglais, Allemand, Italien et Espagnol (Voir au dos la liste des chapitres) ;

3° Une liste des *Marchands de Fournitures cinématographiques*, avec leur adresse ;

4° Une liste des *Exploitants* du Cinématographe, classés par ordre alphabétique, avec leur adresse ;

5° Une liste des *Opérateurs*, classés par ordre alphabétique, avec leur adresse ;

6° Une liste générale des *Marques* ou *Noms* donnés aux appareils : lanternes, films, accessoires ou produits employés en cinématographie, avec indication de la Maison qui fournit ces articles ;

7° Un Calendrier des *Foires* et *Fêtes patronales* avec les renseignements nécessaires aux Exploitants désireux d'installer un Cinématographe ;

8° Un Aide-Mémoire de l'opérateur cinématographique ;

9° Des Renseignements industriels et commerciaux.

Toute personne appartenant à la corporation cinématographique a droit GRATUITEMENT à ses NOM et ADRESSE :

1° *A la Liste générale alphabétique ;*

2° *Au Chapitre se rapportant à sa profession ;*

3° *A la suite de chacune de ses marques ou spécialités.*

RED. :

15

MIRE ISO N° 1
NF Z 43-007
AFNOR
Cedex 7 - 92080 PARIS-LA-DEFENSE

379.89.70
graphicom

0 1 2 3 4 5 6 7 8 9 10

www.ingramcontent.com/pod-product-compliance
Ingram Content Group UK Ltd.
Pitfield, Milton Keynes, MK11 3LW, UK
UKHW021018180726
13838UKWH00004B/1573